BEI GRIN MACHT SICH IHR WISSEN BEZAHLT

- Wir veröffentlichen Ihre Hausarbeit,
  Bachelor- und Masterarbeit

- Ihr eigenes eBook und Buch -
  weltweit in allen wichtigen Shops

- Verdienen Sie an jedem Verkauf

Jetzt bei www.GRIN.com hochladen
und kostenlos publizieren

Martin Gayer

Ursprung, Entstehung und Verbreitung des Buddhismus

GRIN Verlag

Bibliografische Information der Deutschen Nationalbibliothek:

Die Deutsche Bibliothek verzeichnet diese Publikation in der Deutschen National-
bibliografie; detaillierte bibliografische Daten sind im Internet über http://dnb.d-
nb.de/ abrufbar.

Impressum:

Copyright © 2005 GRIN Verlag GmbH
Druck und Bindung: Books on Demand GmbH, Norderstedt Germany
ISBN: 978-3-640-15554-5

Dieses Buch bei GRIN:

http://www.grin.com/de/e-book/48143/ursprung-entstehung-und-verbreitung-des-
buddhismus

Albert-Ludwigs-Universität

Institut für Kulturgeographie

Hauptseminar: Religion, Macht, Raum im 21. Jahrhundert

Wintersemester 2005/06

Ursprung, Entstehung und Verbreitung des Buddhismus

HF: Geographie NF: Geologie, Meteorologie

Fachsemester: 5

1. Einleitung

Der Buddhismus ist eine der fünf großen Weltreligionen. Seine Geschichte beginnt vor 2500 Jahren in Ostasien und hat sich seither in seiner spirituellen wie auch geographischen Lage mehrfach gewandelt. Der Buddha prägt das Gesicht Asiens wie keine andere Gestalt. Aus dem westlichen Kulturkreis heraus gesehen, erscheint die Lehre oft schwer verständlich. Es ist zu beachten, dass die Wurzeln des Buddhismus auf einem Fundament entstanden sind, welches sich grundlegend von dem europäischen unterscheidet. Griechische Logik, die Werte der Bibel oder das moderne Denken haben den Buddhismus nie beeinflusst.[1] In der westlichen Welt ist er sehr spät bekannt geworden. Erst im 19. Jahrhundert unterschied man ihn vom Hinduismus. Nach einer zuerst ausnahmslos negativen Bewertung durch die Wissenschaften am Anfang des 19. Jahrhunderts wandelte sich nach und nach die vorherrschende Meinung. Forschungsarbeiten und Erklärungen über den Buddhismus gewannen an Niveau und Sachlichkeit.[2] Heute herrscht im Westen eine leicht positive Verklärtheit über die asiatische Lebenslehre. Viele meinen, der Buddhismus sei eine lockere Angelegenheit, mit ein paar Räucherstäbchen, etwas Yoga und fernweher Musik. Dieser Eindruck ist ein Irrtum. Der Buddhismus fordert strikte Selbstdisziplin und Konzentration, mit minimalen Zugeständnissen an die subjektive Befindlichkeit des Einzelnen.[3]

In dieser Hausarbeit soll eine Einführung in das Thema geschaffen werden, wie diese Religion entstand und wie sie sich verbreitete. Desweiteren was der Buddhismus darstellt und auf was für grundlegende Werte er sich stützt.

---

[1] vgl.Trutwin (1998 :4)
[2] vgl. ebd.: 13ff.
[3] vgl. Antes Et AL.(1995:3ff.)

2. Grundzüge des Buddhismus

2.1 Das religiöse Umfeld des Buddha

Um die erfolgreiche Lehre von Buddha zu verstehen, muss man zumindest einen kurzen Überblick der religiösen Welt Indiens vor 2500 Jahren erhalten. Die vorherrschende Religion des damaligen Indiens war der Vedismus, auch Brahmanismus genannt - nach der im indischen Kastensystem am höchsten gestellten Priestern, der Brahmanen. Die Kaste der Brahmanen genoss viele Privilegien, vollzog die religiösen Rituale und ersuchte um die Gunst ihrer unzählbar vielen Götter. Könige und Fürsten ließen sich ihren weltlichen Herrschaftsanspruch religiös legitimieren und mehrten im Gegenzug den ständig wachsenden Reichtum der Priester durch großzügige Schenkungen. Der Großteil der Bevölkerung fühlte sich jedoch vom religiösen Heil ausgeschlossen. Hinzu kamen Zweifel am Sinn und Zweck der Praktiken auf, da die Rituale immer komplizierter und immer weniger nachvollziehbar wurden. Die an Einfluss gewinnenden Händler und Kaufleute wollten sich nicht mehr länger mit der Dominanz der Priesterkaste abfinden und unterstützten daher neue Bewegungen um alternative religiöse Wege zu finden. [4]

Zur Zeit dieser religiösen Krise entwickelte sich ein Trend zur Abkehr vom brahmanischen Absolutheitsanspruch. Es wurden plausible Antworten auf die letzten Fragen des Lebens gesucht – was mit dem Menschen nach seinem Tod geschieht, warum er im Geburtenkreislauf (Samsara) gefangen ist, wie er diesem entkommen und Befreiung erlangen kann, welche Rolle seine guten und schlechten Taten (Karma) dabei spielen und in wieweit die menschliche Einzelseele (Atman) zur letzten Wirklichkeit in Beziehung steht. Um Lösungen auf diese offenen Fragen zu finden, wurden neue Formen der Meditation, des Atmens, des Schlafens und des Wachens erprobt. Viele Menschen schlossen sich Mönchsgruppen oder Asketen an. Diesen

---

[4] vgl.Schweer (2000:12)

Sinnsuchenden gehörte der Legende nach auch der zukünftige Buddha, Siddharta Gautama, an.[5]

2.2 Die Legende Buddhas

Es ranken sich viele Geschichten um den historischen Buddha. Wie bei allen Religionsstiftern ist sein Lebenslauf ausgeschmückt und bis ins Wunderbare überhöht worden. Heute ist nicht mehr eindeutig nachvollziehbar, was den damaligen Fakten entspricht oder hinzugedichtet wurde. Das Hinterfragen des historischen Buddhas ist für die meisten Buddhisten ohnehin zweitrangig. Bedeutsam ist der Lebensweg Gautama Siddhartas, durch den er die Wirklichkeit des Erwachens vollführte und somit seinen Ehrentitel Buddha erlangte.

Angenommen wird, dass Siddharta Gautama in eine wohlhabende Familie vom Stamm der Shakya als Sohn des Landadligen Śuddhodana und der Prinzessin Maya geboren wird. Seine Geburt wird zwischen 570 und 560 v. Chr. datiert, ist aber nicht mit Sicherheit zu bestimmen. Von seiner Jugend bis ins neunundzwanzigste Lebensjahr ist ihm eine sorgenfreie Zeit in materiellem Überfluss geboten. Er heiratet mit sechzehn seine gleichaltrige Kusine und wird Vater eines Sohnes. Durch den ständigen Luxus und den Überdruss an Genuss, welchen ihm seine adlige Herkunft bietet, wird er unzufrieden und verlässt den elterlichen Palast für vier Ausfahrten. Dies ist der Wendepunkt in seinem weiteren Leben.[6] Der buddhistische Grundgedanke, nicht Glück nicht in Materiellem zu suchen, spiegelt sich in der Legende a priori in jenem Kontrast wider, in welchem Siddharta sein weiteres Leben führen wird.

Er begegnet nacheinander einem Greis, einem Kranken und einem Toten. Durch sie erkennt er das Leid und die Vergänglichkeit des Lebens, jedoch ohne eine Antwort auf sein Suchen nach Erlösung zu erlangen. In der vierten Begegnung mit einem Asketenmönch sieht er zum ersten Mal eine Möglichkeit, wie er durch Abkehr von allem Materiellem die Erlösung aus dem Leiden finden könnte. Er läßt all seinen Besitz und seine Titel hinter

---

[5] vgl. ebd.: 13ff.
[6] vgl. Scheck, Görgens (2003:14ff.)

sich und schließt sich der Asketenbewegung an. Einige Jahre lang studiert er verschiedene Meditationstechniken und kommt während strenger Askese dem Tode nahe, jedoch nicht seinem Ziel der Erlösung.[7]

Wahrscheinlich war Siddharta ein Anhänger der Lehre des Mahavira, dem Begründer des Janismus; dieser fordert strenge Kasteiung bis hin zum freiwilligen Tod durch Verhungern als Heilung gegen die Sterblichkeit. Der Janismus birgt viele Grundzüge, welche sich auch im späteren Buddhismus finden werden, unterscheidet sich jedoch hauptsächlich darin, dass die Buddhisten Selbstquälerei ablehnen, die Allwissenheit Mahaviras ausschließen und der Auffassung widersprechen, alle Erfahrungen und Gefühle seien karmisch bedingt.[8]

Siddharta bricht nun diesen Weg ab, da er ihn als untaugliches Mittel sieht, seinem Lebensleid zu entkommen. Fünf Mönche, die ihn über Jahre hinweg begleitet hatten, wenden sich enttäuscht von ihm ab. Nach diesem letzten Irrtum seines Lebens begibt er sich nach Bodh-Gaya, wo er unter einem Feigenbaum nach 49 Tagen meditativen Versenkens die Natur aller Dinge erkennt. Von nun an ist er der Buddha – der Erleuchtete, der Erwachte. Nach anfänglichem Zögern, seine Erkenntnis zu verkünden, begibt er sich nach Benares wo er seine einstigen fünf Begleiter wiedertrifft. In der „Predigt von Benares" unterweist er diese und setzt somit das „Rad der Lehre"(*dharmachakra*) in Gang.[9]

2.3 Die Lehre Buddhas

Im Alter von achtzig Jahren stirbt der Buddha; seine Lehre des „Mittleren Pfades" besteht jedoch weiterhin. Sie beschreibt einen Mittelweg zwischen den beiden Extremen der hemmungslosen Vergnügung einerseits und selbstquälerischen Torturen andererseits. Die zentrale Einsicht, welche der Erleuchtete erfuhr, war im Hinduismus keine Neuheit. Leben ist Leiden durch immer wiederkehrende Existenz im Geburtenkreislauf. Die Neuerung war jedoch das Rezept, wie man dem Kreislauf entkommen kann.[10]

---

[7] vgl. Schmidt-Glintzer (2005:22ff.)
[8] vgl. Schwinghammer (2002: 54)
[9] vgl. Schweer (2000 :14ff..)
[10] vgl. Schlieter (1997 :26 ff.)

Überliefert als die vier edlen Wahrheiten analysiert der Buddha die Art, die Ursache und die Aufhebung des Leidens.

Die erste Wahrheit besagt, dass jegliches Dasein Leiden ist. Gemeint ist die Unbeständigkeit des Glückes, des Besitzes, der Lust, der Freude und der angenehmen Erfahrungen. Jeder erfährt irgendwann Trauer, Schmerz, Verzweiflung und Enttäuschung. Die erste Wahrheit gilt nicht nur sporadisch, sondern ist permanent in unserem Dasein verankert. Als Beispiel lässt sich am einfachsten das Essen nennen: Man kann noch so gut und viel essen wie man will, der Hunger wird trotzdem wieder kommen. Oder die Liebe zu einem anderen Menschen wird zum Leiden, sobald man getrennt von ihm ist. Nach der westlichen Auffassung ist diese Erkenntnis ziemlich pessimistisch und unpopulär, wobei sie nie so gemeint war. Die Möglichkeit, ein Leben zu genießen, existiert, jedoch ist es die Vergänglichkeit aller angenehmen Dinge, die das Leiden nach jedem Genuss mit sich bringt.[11]
Als Entstehung des Leidens wird in der zweiten Wahrheit vor allem der Lebensdurst genannt. Dahinter verbirgt sich das Bestreben nach Leidenschaft und Besitz. Als weitere Leidensursache gilt die Gier, seine Sinne zu befriedigen, ohne das Leiden hinter jedem Genuss zu sehen. Dies wird auch als Unwissenheit bezeichnet. Lebensgier bringt Hass und Verblendung mit sich, somit schlechtes Karma und daraus folgend eine schlechte Wiedergeburt. Im Gegensatz zu den monotheistischen Weltreligionen hat das Böse keine Gestalt, genauso wenig richtet ein Gott am Ende aller Tage über den Menschen. Jedes Individuum muss selbst durch eine richtige Lebensführung dem Kreislauf des Lebens (samsara) entkommen.
Die dritte Wahrheit von der Aufhebung des Leidens, sozusagen die Erlösungsbotschaft des Buddhismus, stellt schlicht die Möglichkeit einer Überwindung des Leidens fest. Durch Versiegen des Lebensdurstes und der Unwissenheit, durch das Loslassen von allen weltlichen Gütern und letztlich durch die Erkenntnis von der Illusion des Ichs und der Vergänglichkeit von Allem wird eine weitere Geburt verhindert.[12]

---

[11] vgl. Schneider (1997 :96)
[12] vgl. Trutwin (1998 :54)

Den Weg dahin beschreibt Buddha in der vierten Wahrheit durch den achtfachen Pfad. Rechte Erkenntnis, rechte Gesinnung, rechtes Reden, rechtes Handeln, rechtes Leben, rechtes Streben, rechte Achtsamkeit und rechtes Sichversenken sollen das Fundament des so genannten mittleren Weges zwischen Hedonismus und Selbstkasteiung darstellen. Der achtfache Pfad stellt keine Gebote, keine Gesetze, kein Gottesdienst und keinen Kult dar. Es handelt sich vielmehr um eine Wegweisung, die jeder individuell hinterfragen muss. Der Achtfache Pfad ist der wichtigste Teil der vier edlen Wahrheiten; sie sind das Fundament der Lebensweise der Mönchsgemeinden (vgl. Kap. 4.2). und in abgeschwächter Form das der Laienbuddhisten.[13]

Der achtfache Pfad
   → Die *rechte Erkenntnis* basiert auf dem Vertrauen in die Lehre Buddhas und die Einsicht, dass das Ich eine Illusion darstellt.

   → Die *rechte Gesinnung* setzt die rechte Erkenntnis um und zielt auf die Befreiung von Hass, Begierde und Gewalt als Umsetzung der Ethik.

   → *Das rechte Reden* heißt nicht lügen, intrigieren und den Verzicht auf Klatsch und Tratsch.

   → Ein *rechtes Handeln* bedeutet, die Mönchsethik zu befolgen und somit nicht zu töten, keusch zu leben, nicht zu stehlen und auf jegliche Gewalt gegenüber allen Lebewesen zu verzichten.

   → Mit dem *rechten Leben* vermeidet man, die Berufe auszuüben, durch die direkt oder indirekt anderen Lebewesen Leid zugefügt wird, wie z.B. Metzger, Waffenhändler, Jäger usw.

   → Durch *rechtes Streben* erreicht man eine gelassene Ruhe, da man sich nicht weiter von Wahrnehmungen und Urteilen leiten lässt.

   → Die *rechte Achtsamkeit* bedeutet, ein totales Bewusstsein seines Körpers und des Geistes zu erlangen (auch meditativ).

   → Die letzte Regel, das *rechte Sichversenken,* zielt durch die richtige Meditation darauf ab, zur Ruhe, Einsicht und Erwachung zu gelangen; dies kann auch zum Nirvana führen.[14] [15]

---

[13] vgl. Trutwin (1998 :55 ff.)
[14] vgl. Jens Schlieter (1997 :32ff.)
[15] vgl. Trutwin (1998 :56)

Diese komplizierte Lehre, gepaart mit unbequemen Regeln und ohne Einbezug schon bekannter Götter, verfehlte zuerst das Interesse der breiten Masse. Erst durch gemeinschaftliche Rituale wurde der Buddhismus zu einer Weltreligion (siehe auch Kapitel 3).[16]

2.4 Exkurs: Wiedergeburt und Nirwana

Das Ziel jedes Buddhisten ist, das Nirwana (Erlöschen) zu erreichen. Was das Nirwana allerdings darstellt, wurde seit der Begriffsfindung immer wieder diskutiert. Buddhas kürzeste Beschreibung des Nirwana lautete das „Nicht-Sein".[17] Es gibt unzählige Vergleiche, die ein Bild von diesem ersehnten Zustand suggerieren wollen, wie zum Beispiel das „Verschwinden eines Wassertropfen im Ozean". Allerdings wird die Sprache an sich als unbrauchbares Mittel angesehen, dieses Ziel zu fassen. Was man jedoch überwinden soll, läßt sich im „Kausalnexus des bedingten Entstehens" zeigen. Der Teufelskreis der ständigen Wiedergeburt und des ständigen Leidens schlüsselt sich folgendermaßen auf:
„Am Beginn der Kette steht das Nichtwissen, das Triebkräfte hervorruft und damit zu neuer Existenz drängt. Diese Kräfte bedingen ein Bewußtwerden, das nach Name und Gestalt verlangt, aus welchen wiederum die sechs Sinne (fünf Sinne und Denken) als Fundament der geistigen Abläufe hervorgehen. An diesem Punkt des Bedingten Entstehens wird der Bewußtseinseindruck möglich, der wiederum zur Empfindung führt, die ihrerseits Begierde auslöst. Über das Anhaften, den Lebenshang, entwickelt sich nun das Werden in Bahnen, die das Begehren vorausbestimmt hat. So kommt es zur Geburt und damit zu Altern und Sterben."[18] Der Weg aus dem Lebensrad wird durch den achtfachen Pfad beschritten. Der südindische Reformer Nagarjuna erklärte 200 n. Chr., dass sich die Frage nach den Rätseln des Nirwana nur für diejenigen stellt, die noch nicht zu den Erleuchteten gehören.[19]

---

[16] vgl. Scheck, Görgens (2003:19ff.)
[17] vgl. Scheck, Görgens (2003:44ff.)
[18] ebd.: 34
[19] vgl. ebd.: 45

3. Entwicklung und Dynamik des Buddhismus

3.1 Die drei Fahrzeuge

Generell erfuhr der Buddhismus viele Aufspaltungen in seiner Entstehungszeit, wobei sich über die Jahrhunderte drei Hauptrichtungen behaupten konnten.

Es wird angenommen, dass im 1. Jahrhundert v. Chr., nach einem historisch nicht genau nachweisbaren Konzil buddhistischer Mönche, die erste große Teilung in zwei Lager statt fand, die sich bis heute gehalten hat. Umgangssprachlich werden diese als das kleine (Hinyana) und das große Fahrzeug (Mahayana) bezeichnet.[20] Das Bild des Fahrzeugs entstand, weil Fahrzeuge oder Boote den Menschen an sein Ziel oder Ufer (zur Erlösung) bringen. Im großen Fahrzeug werden nicht nur Auserwählte, sondern alle Wesen zur Erlösung befördert. [21]

Die Anhänger des Hinyana-Buddhismus bevorzugen für sich den Namen Theravada (Lehre des Ältesten); sie sind in ihrer Auslegung und Lebensweise der ursprünglichen Intention des Begründers am nächsten geblieben. Sie wurden von den Anhängern des Mahayana ursprünglich spöttisch Hinyana, also kleines Fahrzeug, genannt, da in dieser Richtung die Überfahrt ins Nirvana nur einer kleinen Gruppe vorbehalten ist. Die Hinyana-Buddhisten halten den Heilsweg des Buddhas nur für Mönche nachvollziehbar, wohingegen Mahayana-Buddhisten eine Erlösung aller Menschen für möglich erachten.[22] Als Hauptunterschied zum Theravada kann der Erleuchtete im Mahayana den Zeitpunkt seines Eingehens ins Nirwana selbst bestimmen (Bodhisattva-Ideal). Er erklärt sich als Bodhisattva (Erleuchtungswesen) bereit, allen Menschen als Heiliger erhalten zu bleiben und ihnen praktisch auf ihrem Lebensweg helfen.[23]

---

[20] vgl. Schweer (2000 :33)
[21] vgl. Scheck, Görgens (2003 :53ff.)
[22] vgl. ebd.: 68ff.
[23] vgl. ebd.: 82ff.

Der Mahayana-Buddhismus öffnet durch die Einbeziehung von verschiedenen Kulten, Heiligenverehrungen und Ritualen die Tür für die breiten Massen. Man kann aber nicht von einer Reformbewegung im lutherischen Stil sprechen. Es gab weder eine Führungspersönlichkeit, noch eine Verfeindung, sondern eher eine in der buddhistischen Tradition typische Weiterentwicklung, ohne vollkommenen Bruch mit der alten Lehre.

Aus dem Mahayana entfaltete sich ab dem 7. Jahrhundert das dritte Fahrzeug, der Vajrayana-Buddismus, der auch als Diamantenes Fahrzeug bekannt ist (der Diamant symbolisiert die Lehre, die Erleuchtung und das Nirvana) und heute noch als weiterentwickelter Lamaismus besteht. Es stellt das mystischste Fahrzeug mit unzähligen Ritualen und magischen Sprechformeln (Mantras) dar. Als Ableger des Mahayana absorbierte es eine komplizierte Mischform aus indischem Tantrismus, und den urtibetischen Bönreligionen. Obwohl das Vajrayana die kleinste Anhängerschaft der drei Fuhrwerke hat, ist es die im Westen bekannteste Form des Buddhismus, popularisiert im geistigen und weltlichen Oberhaupt der Tibeter, dem 14. Dalai Lama.[24]

Länder, in denen der Buddhismus heutzutage noch gelebt wird, lassen sich generell in die drei genannten Hauptrichtungen einteilen, jedoch variieren von Land zu Land die kulturell bedingten Verschiedenheiten und Gemeinsamkeiten in der Ausübung der Lehre. Das Mahayana wird in Vietnam, Korea, Japan und China praktiziert. Der Lamaismus ist in Tibet, Nepal und der Mongolei zu Hause. Als Länder des Theravada lassen sich Sri Lanka, Myanmar, Thailand, Laos und Kambodscha nennen.

3.2 Die Anfänge der Verbreitung

Der Buddhismus erhielt seine erste große Ausbreitung in Südasien unter dem Herrscher Asoka (268-233 v.Chr.), der den Buddhismus zur Staatsreligion erhob.[25]

Nach etlichen Eroberungskriegen mit den Nachbarstaaten forderte er alle Religionen in seinem Reich zu einem friedlichen Miteinander auf und

---

[24] Scheck, Görgens (2003 :106)
[25] Schweer (2000 :29)

konzentrierte sich darauf, die Mission des Buddhismus voranzutreiben. Das damalige Reich Asokas erstreckte sich von Afghanistan bis fern nach Südindien hinein und war innenpolitisch von einer ständigen unfriedlichen Lage irritiert.[26] Anzunehmen ist nach Schweer, dass Asoka die buddhistische Ethik zu gegenseitiger Rücksichtnahme, Freigiebigkeit und Gewaltverzicht aufrief, um hauptsächlich seine Herrschaft durch Befriedung seines Großreiches zu stabilisieren.[27] Über tausend Jahre hielt sich der Buddhismus in Indien als Religion, jedoch wurden durch laufende Annäherungen an den Hinduismus die Differenzen zwischen den zwei Religionen immer geringer, so dass sich der Hinduismus wieder etablieren und den jüngeren Heilsweg um das 13. Jahrhundert weitgehend aus seinem Ursprungsland Indien verdrängen konnte. Die Mission war in der Zwischenzeit jedoch soweit vorangeschritten, dass der Buddhismus weit über die Nachbarländer hinaus fortgelebt wurde.[28]

3.3 Die Geographische Ausbreitung

Als der Buddha in das Nirvana einging, hinterließ er einen ihm treu ergebenen Mönchsorden und einen weiten Kreis von Laienanhängern. Einen Nachfolger hatte er nicht. Es gab außer Asoka keine herausragende Persönlichkeit, der man die Mission der Lehre maßgeblich zuschreiben kann, noch eine gewaltvolle Aufdrängung gegenüber Andersdenkenden.[29] Die Verbreitung des Buddhismus ist auf eine Vielzahl von Wanderpredigern und Mönchen, die den Handelswegen Indiens folgten, zurückzuführen. Die erste Phase erfolgte nach Süden, die zweite nach Norden.[30]

Die Südroute
Im 3. Jahrhundert v. Chr. wurde der Buddhismus vom indischen Basisland zunächst nach Sri Lanka getragen. Von Ostindien und Sri Lanka gelangte er

---

[26] siehe Karte 1 im Anhang
[27] vgl. Schweer (2000 :30)
[28] vgl. ebd.: 30
[29] vgl. Trutwin (1998 :16)
[30] Abb. 2

ab dem 3. Jahrhundert n. Chr. über den Seeweg nach Indonesien, wo heute noch die Stupa von Borobudur (850 n. Chr.) auf Java Zeugnis der Mission darstellt. Zur selben Zeit erfolgte der Kontakt nach Myanmar. Von dort aus erlebte die Lehre in Südostasien bis ins 13. Jahrhundert ihre Blütezeit, während sie im Ursprungsland schon wieder verdrängt worden war.

Die Nordroute

Das wichtigste Mittel zur Expansion nach Norden war die Seidenstraße.[31] Ab dem 1. Jahrhundert v. Chr. wurde entlang der Handelswege die Mission über Nordpakistan bis nach Afghanistan erfolgreich betrieben. Zeugnisse in Form von Statuen oder Wandmalereien bestätigen ab dem 1.Jahrhundert n. Chr. eine Präsenz im Nordiran, und weiter entlang der Route über Tadschikistan, Kirgistan, durch die Taklamakan bis nach China. Im 4. Jahrhundert n. Chr. fand von dort aus ein ernsthafter, religiöser Austausch mit Indien statt. Mittels des Seeweges wurde im 6.Jahrhundert n. Chr. über Korea Japan erreicht. In Ostasien entwickelte sich durch Konfuzianismus und Taoismus eine stark auf Meditation und Konzentration fokussierte Richtung des Mahayana, auch Zen-Buddhismus genannt.[32]

3.4 Exkurs: Die ersten Kontakte und die heutigen Situationen in den fünf Theravada-Ländern

Sri Lanka

Durch indische Missionare gelangte die Lehre nach Sri Lanka, wo sie von König Devanampiya (ca.247-207v.Chr.) zur Staatsreligion erhoben wurde und bis heute der Theravada-Linie treu geblieben ist. Seit dem 19. Jahrhundert erlebt der Buddhismus einen starken Modernisierungsprozess, der meistens von kenntnisreichen Laien betrieben wird. Gegenstand ihrer Neuerung ist die Vereinbarkeit der Religion mit den Wissenschaften der Neuzeit, wogegen es vereinzelt Widerstand von den traditionell geprägten Mönchsorden gibt. Seit 1973 herrscht ein teils blutiger Konflikt zwischen

---

[31] siehe Abb. 3
[32] vgl. Hilmer (2005 :51) & Bechert ET AL(2003)

buddhistischen Singhalesen und einer Minderheit von hinduistischen Tamilen.[33]

Myanmar (Burma)

Im 5.Jahrhundert n. Chr. erreichte der Buddhismus Myanmar, wobei sich im 11.Jahrhundert der Theravada durchsetzte und bis heute erhalten blieb. Der Heilsweg des Buddhas kam über den Seehandel mit Westbengalen nach Myanmar.[34]

Die tief verwurzelte buddhistische Tradition wird in Myanmar, wie auch in den anderen Theravada-Ländern, durch den Brauch der männlichen Bewohner, mindestens einmal in ihrem Leben für mehrere Wochen am Klosterleben teilzunehmen, noch immer gepflegt. In keinem anderen Land der Welt ist der Buddhismus so sichtbar wie in Myanmar. Die Auffassung, durch Finanzierung religiöser Bauwerke, wie Stupas, Tempel und vor allem Pagoden einen spirituellen Verdienst zu leisten, prägt das charakteristische Landschaftsbild bis heute. Daraus resultiert auch das Denken, sich gutes Karma kaufen zu können, was stark an die Zeit des Ablasshandels der katholischen Kirche erinnert. Selbst bis in die Kreise der herrschenden Militärjunta kann man diese Eigenart des birmanischen Theravada beobachten. Des Weiteren geben sich die brutalen Machthaber oft als Nachfolger alter buddhistischer Herrscher aus und es gelingt ihnen, diverse Äbte ihrer Wahl in einflussreiche Positionen verschiedener Klöster einzusetzen.[35]

Thailand (Siam)

Der Theravada besteht seit dem 13. Jahrhundert bis heute als Staatsreligion Thailands. Er etablierte sich im frühen Thailand wahrscheinlich unter der Einflussnahme der Mon, einer von vielen Volksgruppen aus dem heutigen Myanmar, die die Vorfahren der Siamesen waren. Der thailändische König muss verfassungsgemäß Buddhist sein und übt großen Einfluss auf die buddhistische Gemeinde (Sangha) aus. Gegenwärtig weist der Buddhismus Zeichen der Erstarrung auf. Angenommen wird, dass der wachsende Wohlstand des Landes und die Einflüsse des Westens das Alltagsleben der

---

[33] vlg. Trutwin (1998 :81ff.)
[34] vgl. Scheck, Görgens (2003 :58ff.)
[35] vlg. Trutwin (1998 :82)

Mönche in vielen Klöstern negativ beeinflussen, was sich im Nachgeben der Verlockungen wie Sex, Geld oder Macht offenbart.[36]

Kambodscha

Einen genauen Zeitpunkt zur Einführung des Theravada in Kambodscha lässt sich nicht festlegen, jedoch erwähnen Inschriften um das Jahr 1230 n. Chr. zum ersten Mal den neuen Heilsweg. Man kann davon ausgehen, dass Mönche aus dem benachbarten Siam die Lehre eingeführt haben.[37]

Als Wahrzeichen und Nationalheiligtum des Buddhismus steht in Kambodscha die weltbekannte Tempelanlage um Angkor Wat.

Im 20.Jahrhundert erlitt das buddhistisch-kulturelle Kambodscha einen erheblichen Schaden durch die Schreckensherrschaft der Khmer Rouge. Nach der Machtübernahme Pol Pots im Jahre 1975 wurden im Zuge der Politisierung fast alle 2500 Heiligtümer zerstört und 50.000 von 80.000 Mönchen ermordet. Erst nach der vietnamesischen Invasion 1979 wurden einige Klöster wiedereröffnet. Heute ist der Buddhismus wieder die traditionelle Religion der Khmer und erfreut sich regen Zulaufs aus der Bevölkerung.[38]

Laos

Die frühsten Spuren des Theravada gehen in Laos auf das 12. Jahrhundert zurück. Die Lehre wurde wahrscheinlich durch siamesische Mönche und die Nähe zum Königshof von Angkor im benachbarten Kambodscha eingeführt.[39]

Im 18. Jahrhundert war der Buddhismus durch Geisterkulte weitgehend in den Hintergrund geraten. Mit Beginn der Fremdherrschaft durch die Franzosen 1893 erlebte er ein Aufleben durch das Organisieren des Widerstandes. In den letzten 60 Jahren wurden der buddhistischen Gemeinschaft von den jeweiligen politischen Machthabern die Selbstverwaltungsrechte eingeschränkt. Mit der Öffnung der Grenzen zu Thailand erlebt der Buddhismus nach jahrelanger Isolation wieder mehr Freiheiten und Ansehen.[40]

---

[36] ebd. 82
[37] vgl. Bechert ET AL.(2000 :192ff.)
[38] vgl. Trutwin (1998 :82)
[39] vgl. Bechert ET AL.(2000 :192ff.)
[40] vgl. Scheck, Görgens (2003 :62)

Heute wird von der Regierung die Erwartung an den Sangha gestellt, dass dieser die politische Ordnung legitimiert und unterstützt.[41]

4. Buddhismus im Alltag

4.1 Wie man Buddhist wird

Buddhist wird man, wenn man den Entschluss gefasst hat, dem Beispiel Siddhartas zu folgen. Es bedarf keiner Rituale, ethnischer Herkunft oder eines Glaubensbekenntnisses, um sich als Buddhist zu bezeichnen. Es ist ganz im Sinne des Gründers, alleine die vier edlen Wahrheiten und den daraus folgenden achtfachen Pfad als Hilfe auf dem Weg ins Nirwana anzunehmen. Selbst diese Hilfen dienen nur als Richtungszeiger und nicht als Regelwerk. Jegliche Buddhaverehrungen, Tempelkulte und vermeintlich buddhistische Rituale sind spätere Zutaten und haben nichts mit der Intention Siddharta Gautamas zu tun. Dessen ungeachtet ist auch der Buddhismus darauf angewiesen, einen sozialen Zusammenhalt seiner Anhängerschaft durch gemeinschaftsbildende Rituale zu garantieren. Sitten und Bräuche von neugewonnenen Anhängern wurden von Anfang an im buddhistischen Sinne interpretiert und integriert.[42] So wird die traditionelle Aufnahme in die Gemeinschaft der Buddhisten durch das dreimal tägliche Sprechen der dreifachen Zufluchtsformel (triratna) vollzogen. Sinn dieser alltäglichen Wiederholung ist erstens, dem Beispiel des Erleuchteten zu folgen, zweitens, seine Erkenntnisse im Sinne seiner Lehre (dharma) zu schätzen und drittens, dem Mönchsorden (sangha) beizutreten. Die triratna lautet: Ich nehme meine Zuflucht zu Buddha. Ich nehme meine Zuflucht zum Dharma. Ich nehme meine Zuflucht zum Sangha.[43]

4.2 Der Sangha – Mönche und Laien

---

[41] vgl. Trutwin (1998 :82)
[42] vgl. Schweer (2000 :69ff.)
[43] vgl. Scheck, Görgens (2003 :28ff.)

Die Glaubensgemeinschaft des Sangha lässt sich im weiteren Sinne in zwei Fraktionen, Mönche und Laien, untergliedern.

Mönche

Der Mönch steht hierarchisch über den Laien. Ab dem achten Lebensjahr ist es möglich, als Novize in die so genannte Hauslosigkeit zu gehen. In einigen buddhistischen Ländern treten Jugendliche traditionell während der Regenzeit für einige Wochen bis Monate in Klöster ein.[44] Oft wird der erste Eintritt ins Kloster von einer Zeremonie begleitet, bei der die Jungen zuerst nach siddhartaschem Vorbild wie Prinzen gekleidet werden und danach die Mönchsrobe angelegt und die Haare geschoren bekommen. Der Sinn und Zweck dieses Brauchs kann auch pragmatisch gesehen werden, da Klöster einige soziale Bildungsfunktionen für die Jugend übernehmen. Schreiben und Lesen werden bis heute neben dem staatlichen Schulsystem durch ein klösterliches Schulwesen vermittelt und sind daher auch marginalen Gesellschaftsteilen zugänglich. Darüber steht die Vermittlung der buddhistischen Grundwerte, die sich in täglich gesprochenen Textstellen widerspiegeln. Anschaulich wird dies zum Beispiel aus einem oft zitierten Passus der buddhistischen Schrift Suta Nipata. In diesem „Korb der Lehrvorträge" heißt es folgendermaßen:

„Was immer es für Lebewesen gibt, alle ohne Ausnahme, seien sie beweglich oder unbeweglich, seien sie lang oder groß oder mittelgroß oder kurz, fein oder grob, seien sie sichtbar oder unsichtbar, seien sie fern oder nah, seien sie schon geboren oder erst nach Geburt strebend – alle Wesen seien beglückten Herzens."

Als Novize müssen die zehn Mönchsregeln eingehalten werden, von denen die ersten fünf auch für Laienanhänger verbindlich sind: 1. nicht töten, 2. nicht stehlen, 3. keusch leben, 4. nicht lügen, 5. keine Rauschmittel einnehmen, 6. Verzicht auf Essen nach Mittag, 7. Abstinenz von Tanz, Musik, Schauspiel usw., 8. Verzicht auf Körperschmuck, 9. Verzicht auf bequeme Betten, 10. kein Geld annehmen.[45] Will ein Mönch aus dem Kloster austreten, so wird er mehr für seine Zeit im Orden geachtet, als für seinen

---

[44] vgl. Schweer (2000 :62)
[45] vgl. Trutwin (1998 :71)

Austritt getadelt. Ein wiederholter Eintritt ist immer wieder möglich und im weiteren Lebenslauf der Laien oft auch Realität.[46]

Laien

Die Laien machen den äußeren Freundeskreis des Sangha aus. Die Wechselbeziehung zwischen ihnen und den Mönchen ist ausschlaggebend für das Bestehen des Sangha. Da Mönche sich von weltlichen Tätigkeiten fernhalten sollen und keine Güter oder Geld besitzen dürfen, leben sie von Spenden der Laien. Einem westlichen Betrachter erscheint der Umstand wohl eher fremd, dass sich Mönche nie für Gaben bedanken. Im Buddhismus jedoch dankt der Laie den Mönchen für die Annahme seiner Schenkungen. Der Laie unterstützt die Mönche und erwirbt somit gutes Karma, welches ihm eine bessere Wiedergeburt gewährt. Die schwerste Strafe für einen Laien ist das Nichtannehmen einer Spende durch einen Mönch, was jedoch nicht wegen eines unbuddhistischen Lebens, sondern wegen unziemlichem Verhalten gegen Klosterbrüder oder schlechte Rede über die Lehre erfolgen kann. In diesem Fall dreht der Mönch seine Bettelschale vor dem Laien um und verweigert ihm seine wichtigste Pflicht der Freigiebigkeit.[47]

4.4 Der Einfluss auf die Gesellschaft

Die stärksten Auswirkungen auf die Lebenspraxis hat der Buddhismus in den Theravada-Ländern (siehe 3.4). In fast allen Dörfern gehören Mönche zum Alltag. Riten zur Geburt und Namensgebung, zu Hochzeiten, Dorffesten und Beerdigungen werden durch sie ausgeführt. Die alltäglichen Verhaltensmuster der Menschen sind durch die Lehre des Buddhismus beeinflusst. Geschätzt werden Freizügigkeit, Individualismus, Pazifismus, Freundlichkeit, Vorliebe für Späße, Harmoniebedürfnis, Respekt gegenüber Älteren und Vorgesetzten und formbewusster Umgang. Als unsittlich gelten dagegen Aggressivität, Unbeherrschtheit und Humorlosigkeit.[48] Materieller Besitz wird als Folge einer guten vorausgegangenen Existenz angesehen und ermöglicht dem Wohlhabenden wiederum ein großzügigeres Verhalten

---

[46] vgl. Bechert ET AL. (2003 :197ff.)
[47] vgl. Schweer (2000 :68)
[48] vgl. Weggel (1994 :252ff.)

und somit besseres Karma. Gewinnsucht und Besitzgier werden aber verachtet, weil sie als leid-erhöhend (karmamindernd) angesehen werden.[49] Am meisten beeindrucken die Menschen der Theravadaländer den westlichen Außenstehenden mit ihrer äußerst heiteren Gemütsstimmung. Der Buddhismus lehrt wie keine andere Religion die Unbeständigkeit und Sinnlosigkeit des Lebens. Doch anstatt in einen müden Weltschmerz zu geraten, richten seine Anhänger ihren Blick lieber auf das überlegene Nirwana, da sie das Zugrundegehen aller Dinge sowieso als unvermeidlich hinnehmen.[50]

5. Schlussbetrachtung

Um den Buddhismus in all seiner Vielfalt und Tiefe zu verstehen, bedarf es wohl eines jahrelangen Studiums seiner Lehre. Generell kann man sagen, dass der Buddhismus eine friedliebende Religion darstellt und im Gegensatz zu den führenden Weltreligionen (Christentum, Islam) nicht nach weltlicher Macht strebt. Glaubenskriege auch innerhalb der buddhistischen Gemeinschaft, wie beispielsweise zwischen Katholiken und Protestanten, gab es nie. Der Gewaltverzicht – eines der obersten Gebote – eignet sich schlichtweg nicht für religiös motivierte Feindschaften. Andererseits schließt der Buddhismus religiös motivierten Widerstand gegen politische Machthaber von vorne herein aus, so dass diese den Sangha oft benutzen, um sich im jeweiligen Land zu legitimieren. Auch im Alltagsleben werden Konflikte selten ausgetragen, da offene Auseinandersetzungen unerwünscht sind. Gesellschaftlicher Fortschritt, Wettstreit und Dynamik werden von dieser Haltung anscheinend behindert.[51]
Im globalen Sinne, steht der westliche Materialismus der asiatisch-buddhistischen Auffassung des Loslösens von jeglichem Besitz gegenüber. Trotzdem konnte der Buddhismus seit dem 19. Jahrhundert in den USA und einigen europäischen Ländern eine steigende Anhängerschaft verzeichnen. Viele Mensche sehen Buddhismus eine Alternative zum Christentum und

---

[49]vgl. Weggel (1994 :170ff.)
[50]vgl. Glasenapp (1963 :113)
[51] vgl. Weggel (1994 :171)

eine Orientierungsmöglichkeit in einer sinnlos scheinenden, kapitalisierten Welt. Ob dieses Interesse nur eine Modeerscheinung ist oder wir am Beginn eines westlichen Buddhismus stehen bleibt abzuwarten.[52]

---

[52] vgl. Trutwin (1998 :116)

Anhang

Abb.1: Asokas Königreich

Quelle: www.mapsofindia.com (26.10.2005)

Abb.2: Ausbreitung des Buddhismus

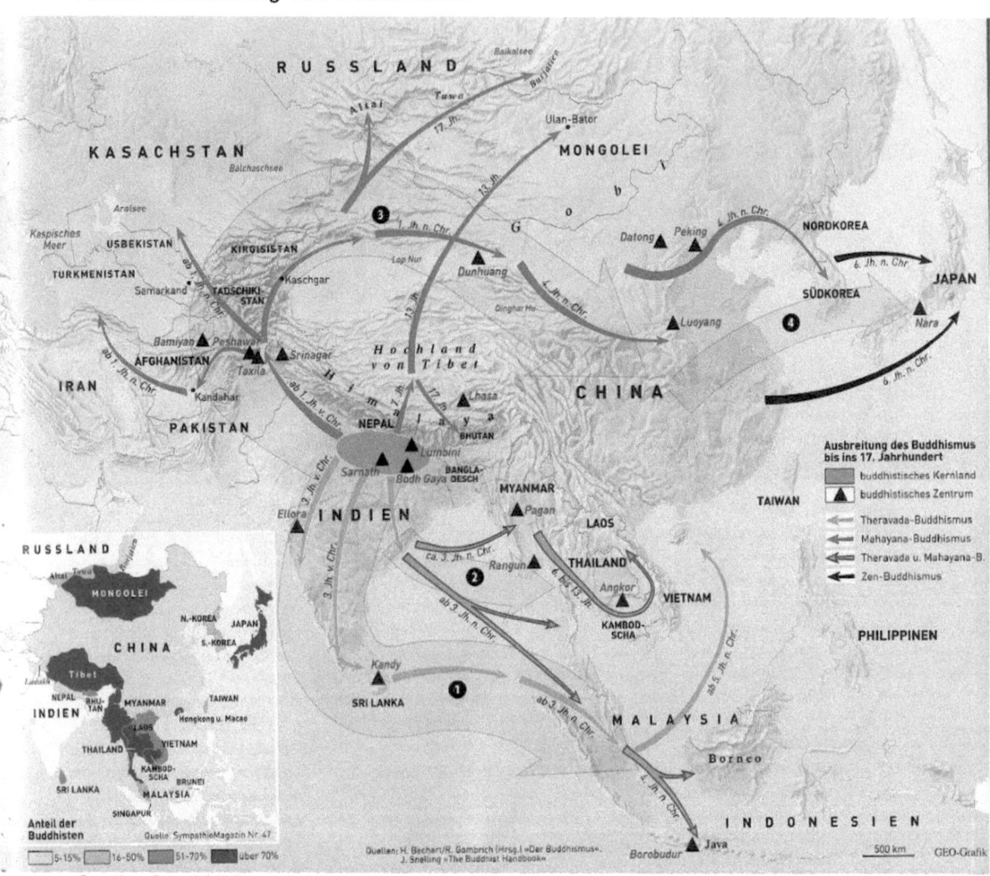

Quelle: Geo 08/05

Abb.3: Die Seidenstraße

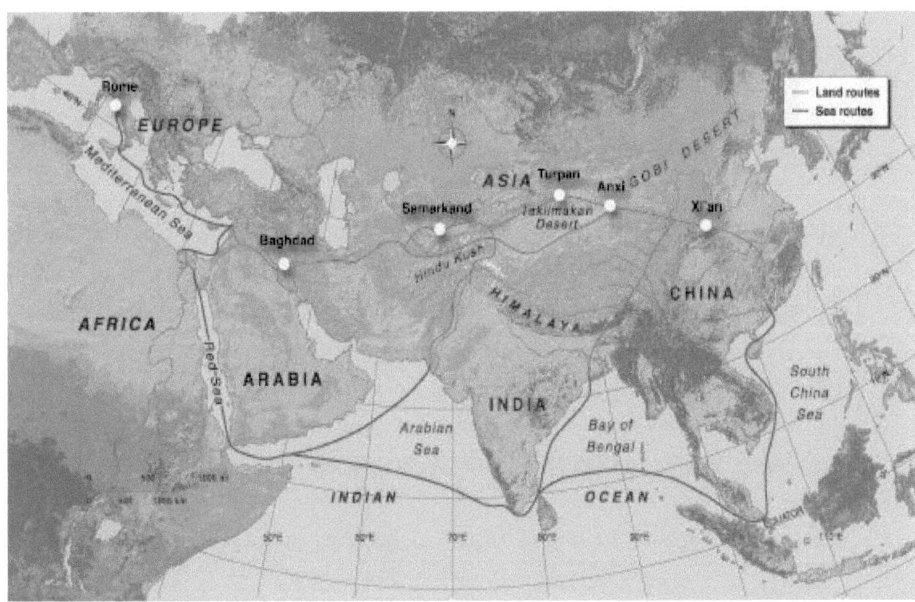

Quelle:http://www.nationalgeographic.com/xpeditions/activities/16/popup/map.jpg
(27.10.2005)

Literaturliste

Antes, Peter & Körper, Sigrud (1995): Lesehefte Ethik – Werte und Normen – (Philosophie: Reihe Weltreligionen)

Bunnag, Jane (2000): Der Weg der Mönche und der Weg der Welt: Der Buddhismus in Thailand, Laos und Kambodscha In: Der Buddhismus: Geschichte und Gegenwart (Hrsg.) Bechert, Heinz & Gombrich, Richert. München S169-189

Hilmer, Andreas (2005): Die Wege des Buddhismus. In Geo 08, August 2005 S.51

Glasenapp, Helmut von (1963): Die fünf Weltreligionen. München

Scheck, Frank Rainer & Görgens, Manfred (2003): Buddhismus (Schnellkurs). Köln

Schmidt-Glintzer, Helwig (2005): Der Buddhismus. München

Schneider, Ulrich (1997): Der Buddhismus – Eine Einführung. Darmstadt

Schlieter, Jens (1997): Buddhismus zur Einführung. Hamburg

Schweer, Thomas (2000):Basiswissen Buddhismus. Gütersloh

Trutwin, Werner (1998): Der Buddhismus (Die Weltreligionen).Düsseldorf

Weggel Oskar (1994): Die Asiaten